La Fuerza Que Actuó

(The Force That Acted: Spanish Version)

Por: Andrew S. Edwards

Lexington, Ky, Estados Unidos de America

Introducción

¿Te das cuenta de que ya tiene en sus manos este texto en la mano, usted está leyendo un libro entero que contiene nada más que diferentes combinaciones de 26 cartas? ¿Por qué usted lo entiende? ¿Es incluso real, o es tu mente sólo te dice lo que quieres creer? ¿Hace creer que es real, por lo tanto, que sea real? Al pensar en la existencia de un ser piadoso o superior, que es un poco lo mismo. Nuestras mentes nos dicen que está ahí; esto es algo que nuestra mente nos han dicho lo largo de miles de años, y que la creencia no ha desaparecido. Hay un argumento que incluso el hecho de que podemos pensar en un ser piadoso es la prueba en sí, ya que cada pensamiento nace en alguna realidad. El sueño de volar sobre la tierra nace en el hecho de que vemos a los pájaros y deseamos por su don de vuelo. Ahora, trata de imaginar un color que no existe, un color que no es cualquier combinación de colores conocidos, o alguien ha visto alguna vez. No puedes. Todos los pensamientos nacen en la realidad. ¿Aún así, la existencia de un ser piadoso es cuestionada porque no se puede tocar, sentir, ver, o escuchar IT- todavía puede incluso demostrarnos a nosotros mismos que nuestra realidad decidido es real?

Espero que este primer apartado que ha de pensar, como espero que usted continúa haciendo a medida que lea esto. Lo único que pido es que cualquiera que lea esto mantiene una mente abierta. Pregunta todo, pero estar dispuestos a aceptarlo así. La primera parte de este escrito es acerca de la existencia de un Dios. No toma postura en cuanto a la religión, pero abre tu mente a la existencia de Dios. La segunda parte del escrito introduce conceptos religiosos de las religiones abrahámicas, aunque he tratado de mantenerlo abierto a muchas interpretaciones, incluyendo el judaísmo, el cristianismo y el Islam. Trate de pensar en las partes uno y dos por separado, como si fueran dos piezas separadas de la escritura.

Me ha llevado a varios años para compilar todos estos pensamientos, y muchos siguen siendo cuestionable para mí. Años de investigación, leer y ver la información sobre la religión y el ateísmo, y cuestionando todo lo que sé. Me he sentido durante mucho tiempo que demasiadas ideas en este mundo van de una manera u otra, ya sea declarando "no hay Dios" o "nuestro Dios y la religión son el Dios y la religión correcta." No es que sean todos los que corte y seco, pero muy pocos dejan mucho a la interpretación personal para que alguien pueda seguir lo que su corazón y su mente están verdaderamente diciendo ellos es real. También parece que muchos no están dispuestos a aceptar la religión como parte de su cultura debido a los sentimientos negativos en su pasado personal, aunque en muchos casos se trata de su propia cultura y la cultura de su familia que se dan por vencidos. Espero que este escrito permite que ese sentimiento para los que lo leyó, además de abrir la puerta a nuevos conceptos para el lector.

Con todo esto dicho, por favor no descartar o aceptar cualquier concepto hasta que haya leído todo. Tal vez hasta que haya leído varias veces. Todo lo escrito aquí va de la mano, y al juzgar una pieza demasiado pronto, puede perder otra pieza, sin siquiera pensar en ello. Por lo tanto, sin más demora, voy a empezar.

Parte 1

"Me resulta tan difícil entender a un científico que no reconocería la existencia de una racionalidad superior detrás de la existencia del universo, ya que es de comprender un teólogo que negaría los avances de la ciencia." -Warner Von Braun

Empezaré explicando que esta parte de mis teorías y escribir es sobre un ser superior en general (es decir, - Dios, Yahvé o Alá) y no de la religión. La religión y la creencia en Dios son dos cosas diferentes. La religión es la historia y la práctica de llegar a Dios y / o en el cielo, mientras que Dios, en general, es un ser o fuerza. En mis ojos, todas las oraciones van a un solo Dios, no importa la religión, porque hay un solo Dios para escucharlos. Si una persona cree en el monoteísmo, que, por tanto, deben creer que sólo hay un receptor de oraciones y él / ella los escucha, no importa su / su nombre. No voy a afirmar mis propias creencias religiosas, ya que, una vez más, no se trata de religión.

Voy a tratar en esta teoría para demostrar que debe haber un ser superior que trabaja en el universo, una especie de fuerza sobrenatural. En el corazón de todo esto es las leyes de la física, las leyes de la naturaleza y las matemáticas generales, cada uno con sus propios atributos. Al final, para aquellos de ustedes todavía no puede aceptar que una fuerza desconocida existe en todas partes, pero es intocable e invisible, voy a utilizar la ciencia para mostrar cómo, en realidad, el infinito a cero y se basan en los mismos principios e incluso podría ser el mismo.

Al comenzar esta teoría, que una vez más insto a leerlo sin nociones preconcebidas ya sea a favor o en contra, y tratar de entender las teorías en lugar de intentar apoyar o refutar en tu mente. Si está de acuerdo con las teorías o no puede determinarse después de que haya terminado. De cualquier manera, espero que disfrute de la ideología detrás de todo esto, y tal vez pueda aprender algo acerca de la física y las matemáticas, si no Dios. Yo, además, espero que todos los que lean esto se puede ver la comedia en el hecho de que la ciencia prohibida por los funcionarios de la iglesia primitiva y los estudiosos de la religión es ahora la ciencia intentar demostrar sus creencias.

***

Física:

Estoy seguro de que la mayoría de los que leen esto han oído hablar de Sir Isaac Newton y sus leyes de la gravedad y la inercia, y si no, pronto lo sabrá. Sir Isaac Newton declaró que un objeto en movimiento permanecerá en movimiento y un objeto en reposo permanecerá en reposo hasta que actúe sobre él otra fuerza. Piense en ello como un billar de bolas se queda en un solo lugar hasta que algo le pega. Por supuesto, aquí en la tierra un objeto en movimiento no permanecer en movimiento debido a la gravedad y la resistencia al viento, pero se puede ver que una piedra no se moverá a menos que se empuja o la gravedad tira de ella en caso de caída.

La inercia es una continuación de dicha Ley, en que si un objeto se está moviendo en una dirección y se ve obligado en otra dirección, que se mueven en ambas direcciones hasta que una fuerza es más potente. Para entender mejor este pensar en ir en automóvil, cuando se enciende rápido usted comienza a inclinarse hacia la otra dirección y su café derrama la dirección opuesta a la que está girando. Esto se debe a la inercia hacia delante de su cuerpo se ve obligado en otra dirección y las fuerzas del movimiento debe ser igual a cabo. En este sentido, no está girando directamente a la derecha en 90 grados, usted está dando vuelta a la derecha en diferentes ángulos hasta que esté a 90 grados en un giro curva en lugar de un cambio directo de la dirección.

Con este entendimiento, ahora miramos montaña- un inmenso vacío del vacío que contiene de forma continua en órbita bolas de rocas y gases y partículas grandes de fusión rápida expansión. Se trata de las propiedades del espacio, junto con las leyes del movimiento y la inercia, que inicialmente prueban la obra de un ser superior a partir de la teoría del Gran

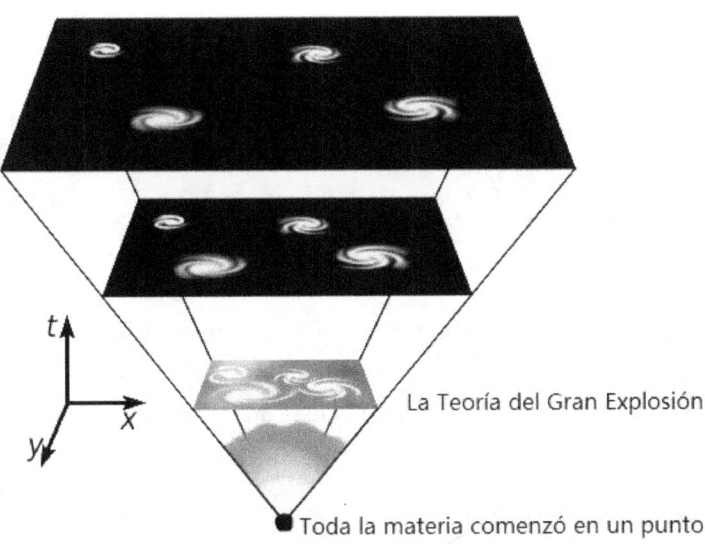

La Teoría del Gran Explosión

Toda la materia comenzó en un punto

Explosión. La teoría del Gran Explosión es, por supuesto, la teoría de que todo en el universo se compactó en una mota infinitamente denso de la materia que explotó y se expandió a las partículas y el universo que tenemos hoy en última instancia, causando la radiación cósmica de fondo. Básicamente, el universo estaba lleno tan apretado, que era uno pequeño punto hasta que explotó hacia afuera. ¿La pregunta que debemos hacernos es, lo que creó infinitamente denso mota, y lo que hizo que se explote en la perfección de la vida que tenemos ahora? De acuerdo con las leyes de Sir Isaac Newton, una fuerza externa debe haber actuado en consecuencia. Una fuerza superior exterior que tampoco hizo este punto, lo puso en marcha, o ambos.

Incluso aún más dentro de la teoría del Gran Explosión es que esta infinitamente denso partícula de materia habría tenido una atracción gravitatoria infinita. Puesto que la masa es la propiedad que define la gravedad, esta partícula de materia que se produjo justo antes del universo explotó y se expandió tendría tirón gravitatorio más que todos los agujeros negros conjunto- que ni siquiera la luz puede escapar.

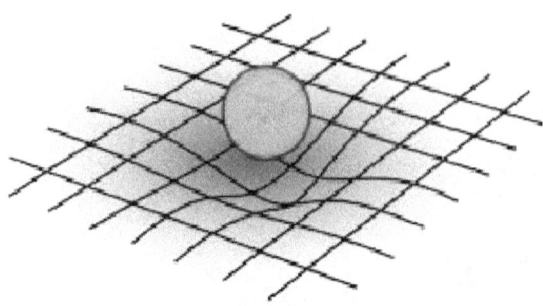

La gravedad hace que el espacio para doblarse alrededor de la masa

Por lo tanto, una fuerza externa capaz de no sólo actúa sobre este objeto en reposo, pero también haciendo que se rompa su infinita fuerza gravitacional sería toda una hazaña, que no conoce la propiedad física de hoy podría romper aparte de un ser superior.

Vamos a avanzar rápidamente un momento sin embargo. Hoy, tenemos el espacio cada vez más amplio, siempre en movimiento, y la tierra en órbita perfecta del sol. Para entender esta órbita usted debe entender la teoría general de la relatividad de Einstein. Esta teoría afirma que cualquier cosa con la masa debe tener fuerza de gravedad sobre la base de esa masa. Imaginando esta dentro del espacio, es como cuando usted pone una piedra en una manta abierta y causa la manta hasta el cono alrojoedor. Luego mediante la colocación de una canica en la manta, se moverá hacia el interior de la roca. Einstein afirma que la estructura del espacio es de la misma manera, tirando de la materia hacia los objetos de masa. Este conocimiento plantea tantas preguntas acerca de cómo muchos de los fenómenos naturales ocurren en el espacio.

¿Cómo fue la tierra no ha tirado todo el camino hacia el sol en un ángulo de 90 grados, cuando incluso los satélites en órbita finalmente caer de nuevo a la tierra, sobre todo cuando las rocas y gases deben haber colisionado entre sí de algún otro lugar? ¿Qué fuerza actuó sobre la tierra para hacerla girar, además de su movimiento alrojoedor del Sol? Parece que alguna fuerza exterior debe haber sido fundamental en la causa de todo el movimiento en el espacio. Todo empieza el movimiento, el cambio de todo lo de la dirección, movimientos colocados perfectamente en el juego y partió por una fuerza desconocida que al final resultó en nuestra existencia. Incluso aquellos que creen en coincidencia debe creer las leyes de la naturaleza y que algo establecido por si fuera poco.

Para complicar más el asunto es el movimiento de todo a través de la cuarta dimensión del espacio-tiempo en sí. Como Einstein había sugerido, el tiempo es, además, una dimensión en la parrilla de x, y, z (las dimensiones que vemos en, ya que lo vemos todo en 3d) por lo que seguramente las leyes de la física se aplican también al movimiento del tiempo, que debe tener ha actuado en mi algo, sino que es una zona más teórico.

Las leyes de la física finales Yo haré subir son las leyes de conservación de la masa y las leyes de conservación de la energía escrito por Antoine Lavoisier. Estas leyes establecen que no se puede destruir en masa, porque el asunto va a romper y crear algo de la misma masa o varias cosas que son iguales a la misma masa. Lo mismo ocurre con la energía. Incluso cuando se ejecuta un coche de la energía de la gasolina convertido en energía térmica, energía cinética (movimiento), y expulsa y escape que tiene un poco de energía en sí. Con esto, usted debe mirar a un ser humano muere y decir, ¿qué será de esa energía? ¿Qué será de la energía eléctrica de los nervios y la energía que nos permite caminar y moverse? ¿Qué pasará con su conciencia? Ciertamente, no se puede creer en la destrucción de la conciencia y la mente, ya que en sí tiene la capacidad y la fuerza de cualquier energía. Así como un sentido madres del amor puede causar reacciones químicas para dar fuerza suficiente para salvar a su hijo, la mente humana es una fuente de energía desconocida que, por tanto, no puede ser destruido.

Más aún, con las dos leyes finales, tenemos que mirar de nuevo a la teoría del Gran Explosión. ¿De dónde vino ese punto de masa y energía infinitamente denso viene? Si no puede ser destruido según lo dicho por las leyes de conservación de la masa y la energía, ¿cómo se creó? ¿Cómo es masa y energía crean si no puede ser destruido? La única fuente posible de acuerdo con las leyes de la física debe ser una fuerza casi sobrenatural superior.

***

Propiedades de Cero y el Infinito:

En este punto la discusión sobre esta fuerza sobrenatural superiores sería que está en todas partes, pero no se puede ver, sentir, o tocado- todas partes y en ninguna parte al mismo tiempo. Tiene tanto las propiedades de cero y el infinito. Para la mente humana es imposible, indignante, y es tan difícil de creer como un punto de masa y energía explotando en el universo infinitamente denso. En realidad, sin embargo, el cero y el infinito tienen muchas de las mismas propiedades e incluso podría ser considerado como uno de la misma sede fuera de numerosos ejemplos.

Nos dirigimos de nuevo a la circulación para probar este punto. Si coloca una pizca de algo en el espacio sin fuerzas que actúan sobre él y sin ningún tipo de movimiento, todavía se mueve en dos formas diferentes, aunque su movimiento y la fuerza son ambos cero. En primer lugar, se mueve a través del espacio, porque el espacio se expande infinitamente. Esa pizca de algo constantemente estar más lejos del centro del universo, así como más del borde del universo, aunque no está haciendo ningún movimiento. En segundo lugar, estará en constante movimiento a través de la cuarta dimensión en la parrilla continuo, que es el tiempo (las otras dimensiones siendo x, y, z que significa que vemos en tres dimensiones o 3D con el tiempo representados como "t", y no plana 2D), en el que todas las cosas están en constante movimiento. Por lo tanto, en dos partes del continuo espacio-tiempo, o cuadrícula, este poquito de nada tiene tanto cero y movimiento infinito.

El conocimiento del espacio por sí sola es suficiente para probar las propiedades de convivencia y compañeros de cero y el infinito. Por el hecho mismo de que está infinitamente expandiendo, pero al mismo tiempo es absolutamente nada, ni el calor ni partículas, es alucinante en sí mismo. Espacio en sí tiene tanto las propiedades de cero y el infinito.

Tal vez, sin embargo, debemos mirar ejemplos más mundanos de las propiedades de cero y el infinito. Para ello, vamos a la inflación. La inflación es la afirmación de que el más de algo que usted tiene, menos valor tiene para usted. Por ejemplo, si usted tenía mil millones de granos de sal, un grano de sal tendría probablemente cero valor para usted. La misma propiedad se aplica al valor del infinito. Por lo tanto, si fuera posible tener un número infinito de algo, tendría valor cero a la misma, como el aire que respiramos todos los días, pero no lo pensó dos veces.

El bit final de las pruebas para las propiedades de cero y el infinito en las matemáticas, multiplicación y división, para ser exactos.

$$\infty \times 0 = ?$$

Tome cualquier número en el mundo y se multiplica por cero y el resultado siempre será cero, no importa qué. Ahora multiplica cualquier número en el mundo por el infinito y el resultado será el infinito, no importa qué. Ese mismo principio se aplica a la división, ya que no es posible dividir un número por cualquiera de infinito o cero sin el infinito o cero siendo el resultado. Tanto el infinito y cero tienen las mismas propiedades de la multiplicación y la división.

Una y otra vez, ejemplo tras ejemplo, vemos que el cero y el infinito sólo se tienen las mismas propiedades, pero las propiedades superpuestas. Esta es una evidencia indiscutible de que es más que posible para que algo sea infinito pero al mismo tiempo no tangible, visible, audible, o olor... por lo tanto cero.

***

Psicología:

Incluso aquí, sé que los más fuertes ateos voluntariosos presentará argumentos de "por qué Dios costumbre (o un ser superior) nos permiten ver eso?" ¿Por qué, si hay un Dios, ¿sería permitir el sufrimiento? Y más argumentos de la misma naturaleza, pero este no es el lugar para responder a estas preguntas, ya que esas son cuestiones de carácter religioso. Por lo tanto la ciencia por sí sola no puede responder a estas preguntas, y yo desafío a encontrar por ti mismo si así lo desea, para tal vez que vemos este ser superior en todo lo que nos rodea. Tal vez es tan superior y grandes nuestra mente no puede comprender verlo. Tal vez este ser superior no quiere interferir abiertamente en nuestros esfuerzos humanos para que podamos aprender una lección a nosotros mismos, o tal vez no interfiere y simplemente optan por no verlo. Todo esto lleva a las preguntas psicológicas de un ser superior, ya que nuestras mentes parecen estar formateado para conocer y comprender este ser superior y buscar como una sed eterna. Así es como la psicología demuestra la existencia de un superior ser-ya sea mediante acciones cada día, o por medio de las acciones de las masas a lo largo de la historia.

Recientemente tuve una conversación con alguien sobre el tema del dolor. El dolor, el sufrimiento y la tristeza para ser exactos. Me golpeó en esta conversación que sin tristeza, sin dolor, y sin puntos bajos en nuestras vidas que no sabría felicidad, alegría, o cualquier sentimiento de alegría en nuestras vidas o llegar a vivir durante estos momentos porque todos los momentos serían sin dolor y simple. Piense en un triste pintura- una imagen de guerra que llama su simpatía. Esta emoción de tristeza es necesaria para nosotros, y sin ella no sería nada. Esto conduce a un pensamiento mundano de cómo la mente obras- cómo el dolor puede conducir a felicidad- cómo la felicidad y diferentes ideas de la mente puede llevar a mostrar los aspectos ocultos de un mundo diseñado por un ser sobrenatural mayor.

Aparte del hecho de que, como seres humanos, tenemos miedo de los aspectos desconocidos oscuras del mundo, ¿cómo esta extraña existencia de pensamiento mental nos afecta? El mundo es nuestra respuesta. Los colores del mundo, en particular. Al mirar de lejos o cerca, hay tres colores del mundo que son frecuentes: verde, azul, y amarillo. Vida y plantas, el mar y el cielo, y finalmente desierto y el sol, respectivamente. Estos tres colores dominan nuestras vidas y nuestra tierra por un motivo razonable que no puede ser una coincidencia, por los efectos psicológicos de ellos solo son profundas. Desde un punto de vista psicológico, cada color tiene un significado y un efecto en las emociones de los seres humanos, en particular los más común para nosotros.

Vamos a empezar con el verde. El color verde, de uso frecuente en los hospitales, produce sustancias químicas en el cerebro humano que la gente se calmara. Se cree que tiene el equilibrio perfecto de colores fríos y cálidos que provoca una sensación de tranquilidad y relajación refrescante. Lo siguiente es azul, el color de ambos el cielo y las aguas. Azul también crea productos químicos en la mente humana que causa efectos calmantes tranquilos. Empresas como Wal-Mart y Facebook utilizan los efectos del color azul para que se relaje y dan ganas de quedarse más tiempo. Azul es a menudo lo contrario de la rojo-, lo que provoca la agresión. Finalmente es de color amarillo, el color de la arena y el sol. Este color es un símbolo de la felicidad, la alegría y los buenos tiempos. Todos estos colores se han demostrado para afectar la mente humana, sin embargo, todos causar una felicidad tranquila en nosotros. Tal vez estos colores nos afectan porque son tan frecuentes, o tal vez son tan frecuentes, ya que nos afectan tan bien, pero esto es la misma gallina o el problema del huevo. Creo que no puede ser una coincidencia que la paz y la alegría que todos buscamos se encuentran en todas partes en la tierra, en los tres colores más comunes que vemos. Yo diría que debe ser un diseño superior que la tierra que nos rodea hace que estos efectos. Cuando uno se pregunta, "¿Por qué es azul el cielo?" No es una mera cuestión de reflexión solo, sino una cuestión de diseño en la ciencia.

El argumento final en el asunto de la psicología en la presencia de un ser superior que tengo que adelantar viene directamente desde el tribunal de justicia. En el tribunal, la pieza más fuerte de evidencia que uno puede adelantar es testigos. Los testigos en este caso son los innumerables generación de mayorías tras generación, siglo tras siglo que abarca todas las razas y continentes que creía en una especie de ser sobrenatural o fuerza como si algo en su corazón y su mente llevó a creer de forma natural. Son las historias de oraciones y milagros presentados por estas personas que dicen mucho en este argumento. Son las historias escalofriantes de los que han muerto hace pocos minutos sólo para ser traído por los médicos, quienes hablan de su conversión inmediata debido a los horrores que veían en la muerte. Son estos números incontables que mantenían siempre la mayoría en esta tierra que me siento es la pieza más fuerte de evidencia en esta historia.

En el ámbito de la psicología y las ideas del bien y el mal, la última pieza de información que le dejará con en esta porción de este escrito. Es un cuento que ha estado flotando alrojoedor de la Internet desde hace algún tiempo. Se ha atribuido, sin confirmar, a Albert Einstein, pero lo importante es su mensaje:

El profesor de una universidad retó a sus alumnos con esta pregunta. "¿Dios creó todo lo que existe?" Un estudiante contestó valientemente: "Sí, lo hizo".

El profesor le preguntó, "Si Dios creó todo, entonces él creó el mal. Desde el mal existe (como notado por nuestras propias acciones), por lo que Dios es malo. El estudiante no podía responder a esa declaración haciendo que el profesor a la conclusión de que tenía "demostró" que "creer en Dios" era un cuento de hadas, y por lo tanto sin valor.

Otro estudiante levantó la mano y preguntó al profesor: "¿Puedo hacer una pregunta?" "Por supuesto", respondió el profesor.

El joven estudiante se levantó y preguntó: "¿El profesor hace existe el frío"

El profesor respondió: "¿Qué clase de pregunta es esa?... Por supuesto existe el frío... ¿Nunca has tenido frío?"

El joven estudiante respondió: "De hecho, señor, el frío no existe. De acuerdo con las leyes de la Física, lo que consideramos frío, en realidad es ausencia de calor. Cualquier cosa puede ser estudiado siempre que transmite energía (calor). Cero absoluto es la ausencia total de calor, pero el frío no existe. Lo que hemos hecho es crear un término para describir cómo nos sentimos si no tenemos calor del cuerpo o no estamos en caliente ".

"Y, ¿existe la oscuridad?" él continuó. El profesor respondió: "Por supuesto". Esta vez el estudiante respondió: "Una vez más te equivocas, señor. La oscuridad tampoco existe. La oscuridad es en realidad simplemente la ausencia de luz. La luz se puede estudiar, la oscuridad no puede. La oscuridad no puede dividirse. Un simple rayo de luz lágrimas las tinieblas e ilumina la superficie donde termina el haz de luz. Oscuro es un término que los seres humanos han creado para describir lo que sucede cuando hay falta de luz. "

Por último, el estudiante le preguntó al profesor: "Señor, ¿existe el mal?" El profesor respondió: "Por supuesto que existe, como lo mencioné al principio, vemos violaciónes, crímenes y violencia en todo el mundo, y esas cosas son del mal."

El estudiante respondió: "Señor, El mal no existe. Al igual que en los casos anteriores, el Mal es un término que el hombre ha creado para describir el resultado de la ausencia de la presencia de Dios en los corazones de los hombres."

***

Convergencia:

Hasta ahora, hemos pasado sobre la idea del monoteísmo y la espiritualidad en el mundo, pero no en el impacto directo sobre nosotros. Siento que debo ampliar en la convergencia de la inteligencia y el dominio de la humanidad, y la religión o el papel de la espiritualidad en eso. Cuando se le preguntó por qué los humanos somos criaturas inteligentes dominantes en esta tierra, la mayor respuesta de comunicación, el uso de herramientas, acciones para el placer, la capacidad de razonar, y la religión. Estos son donde he de expandirse.

En la comunicación, que no estamos solos. Las hormigas se comunican a través de las antenas, las aves a través de chirridos, serpientes a través del lenguaje corporal, y los delfines con las cuerdas vocales, tal como lo hacemos. En uso de las herramientas, que no estamos solos. Los chimpancés utilizan palos y arañas utilizan rojoes, cada una para coger la comida. En las acciones de placer, que no estamos solos. Los delfines se aparean por placer, y los perros juegan por placer. Esto deja a la religión y la capacidad de razonar, dos cosas en las que estamos solos, pero pueden ser muy parecidos.

En cierto modo, se podría decir la religión se debe a la capacidad de razonar, o que la capacidad de las razones es porque la religión. Al razonar bien o mal, tal vez, incluso cuando usted razonar a través de la creación de todas las cosas, muchas veces volver a la religión. Del mismo modo que cuando alguien mira a la religión, deben ser capaces de razonar a través de todo. Es nuestra necesidad de pensar de manera abstracta y nuestra necesidad de racionalizar todo lo que nos dirigimos a la religión a la pieza que todos juntos, y nuestro razonamiento nos lleva a creer en última instancia, en la religión misma. Algunos afirman que incluso el ateísmo está convirtiendo un poco en una religión, con el pensamiento racionalización y organización de seguidores.

Dicho esto, creo que es más racional que la capacidad de razonar y el pensamiento abstracto vino de la religión que a la inversa, porque la religión puede jugar un papel en las ideas antes mencionadas de la superioridad del ser humano. Religión puede comunicar pensamientos y la historia, la religión puede ser utilizado como una herramienta de unión o controlar, y la religión se puede utilizar como una alegría acción creando. Los egipcios, por ejemplo, utilizan su religión para racionalizar el mundo, controlar a su gente, y para grabar su historia- todos ejemplos de la inteligencia humana que sale de la religión. Casi parece que para ser inteligente, ser superior, y ser humano es ser religioso en una forma u otra.

La única cuestión pendiente es la causa de esta sensación empezar? Sólo puedo imaginar lo humano prehistórico venir a través de algo que temían aún venerados, ese anhelo humano de una mayor comprensión y la creencia en una presencia más alta patada en, y comenzaron la adoración que la que se encontraban. Luego, a medida que se extendió, alentó el pensamiento y la comunicación mientras que proporciona comodidad y la racionalidad. Científicamente es la única cosa que nos de otras especies y nos designa como inteligente. Pensar es anhelar la creencia.

***

Resumen:

Así que ahora, antes de concluir con esta primera sección, hay que tener una mirada retrospectiva a todo lo que se ha presentado hasta el momento. De las leyes de la física que hemos concluido que el fin de todas las acciones y movimientos en el espacio a ser posible, debe haber habido una acción inicial o constante de una fuerza externa más fuerte. A partir de las leyes de conservación de la masa y la energía, algo tuvo que haber creado esta extensión de la masa, y algo debe convertirse en parte de nuestra energía humana y pensamientos que nos llevan más allá de los límites de nuestras capacidades naturales.

A partir de ahí nos fijamos en las propiedades del cero y el infinito que muestran las propiedades coincidentes de ambos a partir de las propiedades del espacio, con el inmenso vacío de expansión pero constante, y también el hecho de que un punto en el espacio con cero movimiento seguirá siendo infinitamente moverse a través de la constante la expansión de espacio, así como a través de tiempo- la dimensión sucesivamente. A continuación, nos trasladamos a la economía, donde la inflación muestra que un número infinito de algo iba realmente darle valor cero. Matemáticas vino después división que muestra y la multiplicación de ambos cero y infinito- todo viniendo a los mismos resultados.

Luego vino la psicología, donde vemos que el dolor nos lleva a reconocer la felicidad, y el mundo está lleno de colores que psicológicamente nos hacen felices. Esto demostró las perfecciones no naturales de nuestro comportamiento y el mundo a trabajar juntos para llevar en última instancia a nuestra felicidad. Psicología también mostró que en el transcurso del tiempo, y la mayoría de la raza humana, la gente ha atribuido esta perfección antinatural para un ser superior o Dios. Entonces, finalmente, llegamos a la convergencia, explicando que la religión y la capacidad de la razón son lo que nos distingue de otras especies en todo lo demás, y tal vez incluso juntos.

La evidencia para mí es insondable. En conjunto, todas estas piezas parecen encajar perfectamente entre sí para formar un rompecabezas de la comprensión de la realidad de una fuerza superior o ser. Por supuesto, con el tiempo, las piezas serán argumentaron favor y en contra, pero al final del rompecabezas todavía apunta a los mismos resultados de la existencia de una fuerza o ser superior a nosotros, y todas las fuerzas de la naturaleza. Por último, como en cualquier texto sobre la existencia de un Dios, tengo que hacer un esquema básico argumento ontológico de Kurt Gödel (una ecuación matemática que indica que en algún mundo o en un universo que hay, por la necesidad de un Dios), que se formalizó recientemente y matemáticamente "probado" por dos científicos de la computación en Alemania. En este modelo, x representa un objeto en un mundo o universo dado y P representa la esencia de ese objeto, que puede representar propiedades buenas o divinos. Voy a enumerar las ecuaciones de abajo, pero el significado de la pena al final es que Dios es que para los que no se puede lograr una mayor. Esencialmente un punto de referencia. Aquí está:

Ax. 1. $\{P(\varphi) \wedge \Box \, \forall x[\varphi(x) \to \psi(x)]\} \to P(\psi)$

Ax. 2. $P(\neg\varphi) \leftrightarrow \neg P(\varphi)$

Th. 1. $P(\varphi) \to \Diamond \, \exists x[\varphi(x)]$

Df. 1. $G(x) \iff \forall\varphi[P(\varphi) \to \varphi(x)]$

Ax. 3. $P(G)$

Th. 2. $\Diamond \, \exists x \, G(x)$

Df. 2. $\varphi \text{ ess } x \iff \varphi(x) \wedge \forall\psi \, \{\psi(x) \to \Box \, \forall y[\varphi(y) \to \psi(y)]\}$

Ax. 4. $P(\varphi) \to \Box \, P(\varphi)$

Th. 3. $G(x) \to G \text{ ess } x$

Df. 3. $E(x) \iff \forall\varphi[\varphi \text{ ess } x \to \Box \, \exists y \, \varphi(y)]$

Ax. 5. $P(E)$

Th. 4. $\Box \, \exists x \, G(x)$

-Definición 1: x es semejante a Dios si y sólo si x tiene propiedades esenciales esos y sólo aquellas propiedades que son positivas

-Definición 2: A es una esencia de x si y sólo si para cada propiedad B, x tiene necesariamente B si y sólo si A implica B

-Definición 3: x necesariamente existe si y sólo si cada esencia de x se ejemplifica necesariamente

-Axioma 1: Cualquier propiedad que conlleva, es decir, en sentido estricto implica por una propiedad positiva es positiva

-Axioma 2: Una propiedad es positivo si y sólo si su negación no es positivo

-Axioma 3: La propiedad de ser como Dios es positivo

-Axioma 4: Si una propiedad es positiva, entonces es necesariamente positivo

-Axioma 5: Necesario existencia es una propiedad positiva

A partir de estos Axiomaas los siguientes teoremas se conciben:

-Teorema 1: Si una propiedad es positivo, entonces es consistente, es decir, posiblemente ejemplificado.

-Teorema 2: La propiedad de ser como Dios es consistente.

-Teorema 3: Si algo es semejante a Dios, entonces la propiedad de ser semejante a Dios es una esencia de esa cosa.

-Teorema 4: Necesariamente, la propiedad de ser como Dios se ejemplifica.

Parte 2

"A menos que sepamos el valor de otras tradiciones religiosas, es difícil desarrollar respeto por ellos. El respeto mutuo es la base de una verdadera armonía. Debemos luchar por un espíritu de armonía, no por razones políticas o económicas, sino simplemente porque nos damos cuenta del valor de otras tradiciones. Siempre hago un esfuerzo por promover la armonía religiosa. "- Dalai Lama

La muerte, el compañerismo, el propósito en la vida son algunas de las mayores razones por las personas buscan el conocimiento de Dios o un ser superior que estremece dentro de ellos. Muchos de ellos comparten rasgos comunes que reúnen un hilo común de lo que la religión es en realidad, y algunos de ellos tienen aspectos extraordinarios que parecen desafiar las mentes de las personas. El objetivo de esta segunda parte es reunir a diferentes puntos de vista sobre los mismos temas. En resumen, para traer puntos de vista alternativos sobre las creencias abrahámicas a diferentes creyentes abrahámicas, y para traer vistas lógicas en las tradiciones abrahámicas a los creyentes no-abrahámicas. Así como el Dalai Lama estaba diciendo, es importante conocer estos puntos de vista con el fin de respetar, o para el caso la falta de respeto a las creencias de los demás, mientras que también es importante para los de las religiones abrahámicas para conocer los puntos en común entre ellos y a encontrar la razón en todo. Como DIVULGACIÓN- esta sección no entra en la religión, no sólo la ciencia.

En mi opinión personal, todas las personas de fe de Abraham adoran al mismo Dios: el Dios que Abraham siguió, y si alguien de la fe de Abraham no está de acuerdo, entonces ellos están diciendo que hay otro Dios que el que siguen. Eso sería blasfemia en ninguna fe de Abraham (ya que todas estas religiones afirman que hay otro Dios existe). ¿Dicho esto, todas las oraciones irían al mismo Dios, y que Dios oirían todo .rezo- porque quién más podía oírlos? Es sobre esta tierra de en medio que el respeto mutuo, y por lo tanto la armonía se pueden desarrollar.

Así que esta parte se trata de adelantar información sobre la tradición de Abraham a los dos seguidores y no seguidores de esas tradiciones. He hecho un gran esfuerzo para que sea precisa a todas las religiones abrahámicas, incluyendo el islam, el cristianismo y el judaísmo. Voy a comenzar con el principio de los tiempos, y el inicio de la tradición en las religiones abrahámicas, y trabajar con las cuestiones más complejas dentro de estos temas.

***

Comenzamos con la tradición de la creación del universo. Según religiones abrahámicas, la primera cosa que suceda en este universo estaba diciendo Dios "hágase la luz", y luego se hizo la luz, y da la casualidad de que la ciencia apoyaría esta teoría en forma de ondas acústicas. Una de las principales piezas de evidencia para la teoría del Gran Explosión es "radiación cósmica de fondo de microondas" recogido a través de telescopios de radio, y es que las ondas sonoras a partir de la teoría del Gran Explosión que causan las galaxias para formar en la forma en que lo hacen ahora. De acuerdo con esa teoría, y las creencias religiosas, las religiones abrahámicas creen que el hebreo era la lengua de la creación, y es la lengua sagrada de Dios. En ese mismo sentido, durante largos períodos de la historia, el hebreo sólo se utilizó como lengua sagrada y no se utiliza en la vida cotidiana, y para el día de hoy, muchas personas sienten que es un sacrilegio decir ciertas palabras y frases en hebreo, ya que serían diciendo en "el lenguaje de Dios".

Moviéndose a lo largo, si usted es consciente de código de computadora, o incluso la película "The Matrix" para el caso, no sería difícil imaginar palabras y código que muestran agrupaciones y estructuras de la realidad como complejos en todo lo que vemos a nuestro alrojoedor, pero en verdad un lenguaje en sí mismo siendo este código sería extremadamente difícil.

100 = ק	10 = י	1 = א
200 = ר	20 = כ	2 = ב
300 = שׁ	30 = ל	3 = ג
400 = ת	40 = מ	4 = ד
	50 = נ	5 = ה
	60 = ס	6 = ו
	70 = ע	7 = ז
	80 = פ	8 = ח
	90 = צ	9 = ט

Dicho esto, el hebreo ya es un código complejo en sí mismo, porque cada palabra y cada letra en el idioma hebreo tiene un valor numérico a la misma. Esta codificación numérica de la lengua es llamar Gematría, y mientras algunas palabras de árabe, español, griego, y el Yidis se pueden calcular en Gematría, es más común y fácilmente convertido a través de la lengua hebrea.

Así que lo que vemos que este punto es un lenguaje de número codificado en la que cada palabra, incluso cada sonido tiene un valor numérico completo, a diferencia de cualquier otro idioma, y el concepto religioso de hebreo es la lengua hablada de Dios en la creación para formar el mundo y universo. El último de los que están siendo un concepto de antigüedad antes de código de computadora o incluso antes de un concepto general o científica del mundo y el universo se desarrolló. Sin embargo, aún así, antigua leyenda respaldado por código lingüístico-numérico que se puede ya sea escrita, hablada o contaba todavía crea ninguna base para la para la creencia científica para ser el centro de toda la existencia y todas las cosas... Hasta que usted piensa de la teoría de cuerdas.

La teoría de cuerdas es una teoría que se pretendía demostrar juntos las teorías de la mecánica cuántica y la relatividad general. Afirma que en el núcleo de todas las partículas, en los más mínimos niveles de la ciencia elemental, son pequeñas bandas de energía en cadena como formas. Aunque sería un salto de una hipótesis, podría ser la hipótesis de esta teoría de que estas bandas de energía en los niveles más pequeños son bandas de texto hebreo u ondas lingüístico-numéricos de sonidos semejantes a cuerdas. Cada cadena hebrea sería la energía de audio, o bandas de energía que contienen diferentes propiedades basado en el valor lingüístico-numérico. Por ejemplo, la palabra hebrea "chai" significa vida, y tiene el valor numérico de 18. Por lo tanto, podría ser codificado en otras palabras a través de su valor numérico o lingüística, tal y como dice la palabra "chai" envía voz alta las ondas de audio en una única forma, y cuando explicado, la palabra hebrea de dos letras forma una Cuerdas letra o palabra.

Por lo tanto, todos juntos, las palabras en hebreo tienen valor numérico de código, el valor de sonido de audio, y un valor escrito física; además, se acepta por la fe religiosa como lengua de creación. Esto significa que se ajusta cada aspecto de ser posiblemente la composición de toda la existencia, el código final para el universo, o la base de toda la energía. Si bien es un gran paso para reclamarlo como un hecho en la teoría de la teoría de cuerdas, que parece ser un posible candidato. Puede o no puede ser vale la pena buscar más profundamente en este tema, pero me siento obligado a hacer el razonamiento disponible.

***

A medida que avanzamos, nos adentramos en una idea de controversia extrema. Durante las últimas décadas, la batalla de la evolución versos creacionismo ha plagado a la relación entre la religión y la ciencia como un argumento firme por las dos caras, en la que ambas partes muy bien pueden estar mal (me anticipo casi todo el mundo a tomar ofensa a la última línea). Esta teoría de la génesis como he venido a llamar a él, afirma que varios textos y tradiciones religiosas han sugerido lo que ahora se conoce como la teoría de la evolución, y que la evolución y el creacionismo combinado puede mostrar atributos muy similares cuando se mira desde un nivel más profundo. Textos religiosos más simplemente- Ponga un poco muestran elementos de evolución dentro de la teoría creacionista. Antes de que pueda entrar en esta teoría de la creación-evolución híbrida sin embargo, voy a explicar tanto la teoría de la evolución y la teoría de la creación, para que todos tengan una clara comprensión.

La teoría de la evolución basada en la selección natural, es bastante simple. Afirma que los animales evolucionaron a través de millones de años debido a mutaciones genéticas que les ayudaron en la naturaleza, y por lo tanto se pasaron a sus descendientes.

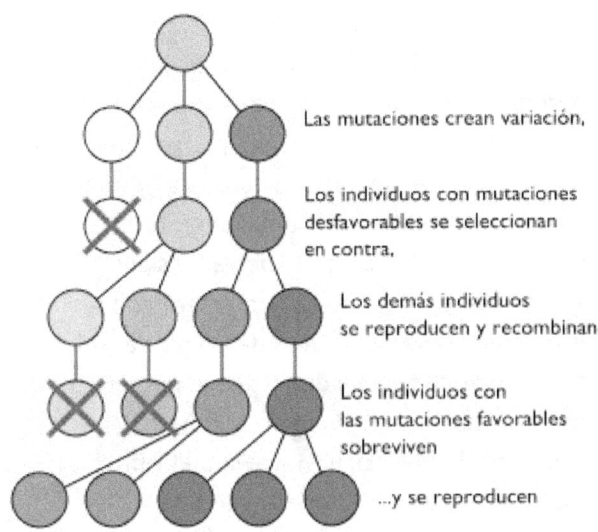

Las mutaciones crean variación,

Los individuos con mutaciones
desfavorables se seleccionan
en contra,

Los demás individuos
se reproducen y recombinan

Los individuos con
las mutaciones favorables
sobreviven

...y se reproducen

Por ejemplo, un pez con aletas grandes sabía nadar lejos de los deprojoadores más rápido, por lo tanto, los peces con aletas más grandes no consiguió comido y vivido en reproducir, lo que llevó a más peces con aletas más grandes y en ese momento el proceso se repite. Existen numerosas evidencias de esta teoría que incluye la microevolución, lo que demuestra que algunas enfermedades han mutado o evolucionado para convertirse en inmunes a algunos antibióticos, y otras evidencias, como las estructuras óseas similares en animales. Por ejemplo- nuestra parte, una aleta peces, un ala de las aves, y un pie delantero caimanes tienen similar si las estructuras óseas no idénticas, que posiblemente significa antepasados comunes. Evidencias de esta teoría de seguir y seguir, pero los fundamentos de la teoría de la evolución deben ser claras.

El creacionismo, por otro lado, la mayoría ofrece contraprueba contra preguntas evolución pidiendo tales como, ¿cómo la vida, organismos unicelulares, incluso individuales acaba de pasar a aparecer o desarrollarse sin un creador? También cuestiona la complejidad de la evolución, como, ¿cómo los peces cambian la forma en que el movimiento y la forma en que la respiración para convertirse en animales- tierra sobre todo cuando no hay animales terrestres tienen branquias o colas de pescado? Luego, por supuesto, el argumento más fuerte a favor del creacionismo proviene de los creyentes y los textos religiosos. Las tres religiones más extendidas y aceptadas en el mundo tienen la misma historia de la creación, por lo que miles de millones de musulmanes, miles de millones de cristianos, y miles de millones de Judios todos están de acuerdo en sus orígenes en esta tierra- que obviamente incluye un creador.

Me parece extraño que la vida podría generar de la nada, o podría mutar para convertirse en tan complejo sin ayuda exterior. Sin embargo, también me parece extraño que muchos creacionistas niegan a aceptar la evidencia científica, incluso de pequeñas mutaciones y cambiar con el tiempo. El problema, creo, es que muchos creacionistas toman los textos religiosos de manera literal y palabra por palabra, cuando es bien sabido que los textos religiosos se escriben a menudo en parábolas y metáforas para que sean más fáciles de comprender y comprenderse. Es ampliamente conocido que uno debe mirar mucho más profundo en los textos para encontrar el significado de toda la historia. Yo creo que cuando desglosado, textos religiosos muestran en realidad la primera reivindicación de una evolución creacionista ya través de la lectura y el pensamiento, puede resultar un concepto. De hecho, se ha dicho que la primera teoría de la selección natural era de un hombre muy religioso de la fe de Abraham. Un musulmán llamado Al-Jahiz escribió un libro titulado Kitab al-Hayawan (El Libro de los Animales) que hablaba un poco acerca de la selección natural en el año 800 dC.

La pieza inicial de pruebas es la serpiente, Satanás. En los textos religiosos, Dios (conocido como Alá o Jehová para algunos) castigó a la serpiente en el Jardín del Edén, haciendo todas las serpientes de ese rastreo hacia adelante día en sus vientres. Las serpientes también se han utilizado como evidencia de la evolución en la que todas las serpientes actuales tienen piernas no desarrolladas bajo su piel que muestren que una vez tuvieron las piernas y más tarde, de acuerdo con esa teoría, mutaron de ellos. Miles de años antes de Darwin, la gente no tenía la habilidad científica para conocer estas piernas bajo estaban allí o lo que eran. Esta es la única evidencia directa de los cambios que ocurren para los organismos que viven en los textos religiosos, pero no hay evidencia de una línea de tiempo separados por el cual diferentes organismos llegaron a existir (lo que significa la línea de tiempo de Darwin pudo haber sido un error).

Los textos religiosos afirman que Dios creó organismos en el siguiente orden: las plantas, los organismos acuáticos, aves (o animales alados del cielo, como está escrito), animales de la tierra, y finalmente los seres humanos. Los científicos generalmente están de acuerdo con los organismos acuáticos, animales de la tierra, y por último los humanos poción de la línea de tiempo en la teoría de la evolución, pero los otros dos son donde surgen las diferencias. Piense por un momento, sin embargo, acerca de cómo podría funcionar un proceso de este tipo. Organismos fotosintéticos (plantas) desarrollar a un punto en el que puedan sobrevivir mientras flotante o sumergido en agua, y luego los organismos sumergidos podrían desarrollar a donde podían absorber o comer otros organismos, a la vez no tener que respirar las toxinas presentes en la atmósfera de la tierra en este momento al igual que otros animales lo haría. Este es el punto en el que los textos religiosos se vuelven más probable en términos científicos, porque los peces se conviertan en aves es más probable que los animales en desarrollo en las aves. Lo digo porque los peces no sólo son más propensos a saltar más alto en el aire que los animales de la tierra, pero peces aletas parecen más a las alas que los animales terrestres brazos hacen, y los peces escalas se asemejan más a las plumas de aves que los animales terrestres de la piel hace. Sólo se puede plantear la hipótesis de embargo.

Ya puedo anticipar el argumento contrario a esta teoría como "¿por qué los textos religiosos no dicen que hubo un cambio o evolución dentro de estos organismos?" De la que ahora voy a continuar mi teoría. En primer lugar está el hecho de que la gente en la antigüedad tendrían dificultades para aceptar o entender este concepto, por lo que sería más probable que se oculta o codificada en los textos para las generaciones posteriores a entender. Luego, por supuesto es el hecho de que a menudo, los textos bíblicos hablan en metáforas, códigos y parábolas para conseguir un punto a través. Sabemos, por ejemplo, que la ciencia muestra que el mundo no fue creado en siete días "," pero tal vez estos no eran días literales. Sabemos días, noches, semanas y años que no se separaron hasta que la luz de las Escrituras "día", por lo que de nuevo vemos metaphorism y posibilidad de autentificación científica.

La última pregunta de esta teoría es, si Dios creó este mundo, ¿por qué él o ella cambiarlo? Esa respuesta se presenta en dos formas. En primer lugar de nuevo al ejemplo serpiente de antes, que es un ejemplo directo de Dios cambiando un organismo. El segundo bit de la evidencia está en la forma de Jesús, un profeta de los musulmanes y considerado como el mesías de los cristianos. En los textos religiosos Jesús es un carpintero, que simboliza el trabajo nunca se terminó. Una tabla incorporada como una mesa trabajará su propósito, pero un carpintero siempre puede hacerlo más fuerte, mejor y más apropiado para su entorno. Así como el mundo cambiado, por lo que debe su ser vivos- una asombrosa hazaña de la imperfección perfecta, para un ser perfecto.

Por lo tanto, a través de los textos religiosos de Abraham vemos que los organismos se han cambiado, el orden en el que fueron traídos a la existencia va de la mano con una probabilidad científica mejor, el período de tiempo en "días" era muy probable que no días literales, y al igual que la carpintería, cualquier cosa puede ser cambiado a ser mejor o más adecuado para su entorno. Esta es la teoría de la génesis. La teoría de que cualquiera primeros eruditos religiosos fueron los primeros en teorizar la evolución, o la evolución fue guiado sobrenaturalmente. El propio Darwin reconoció la inconsistencia de no desarrollo del chimpancé de herramientas, la religión, y arte- criar a un enigma virtuales de cómo esta gran inteligencia fue desarrollada por los seres humanos.

Religiones abrahámicas parecen tender un puente sin saberlo brecha de Darwin. Estas religiones abrahámicas todos hablan de la ciencia del bien y del mal en la existencia humana, lo que sugiere una evolución divina del pensamiento y de las acciones humanas.

***

La pieza final de esta crónica es la historia de un hombre. Un hombre que ha causado la paz y ha sido objeto de las guerras. Un hombre venerado por los diferentes pueblos de todo el mundo. Por edades, las personas han inclinado ante o luchado contra la idea de que este hombre, sin embargo, sigue siendo una pieza clave de la religión y la cultura como un ser extraordinario. Este hombre es Jesús de Nazaret. Una vez más, voy a dejar todo en manos de su interpretación, dando solamente diferentes hechos y puntos de vista sobre el impacto de este hombre sobre nosotros. Voy a empezar con las opiniones de los que lo rechazan de plano, y luego ir a los que le veneran por diferentes razones.

Al hacer la investigación para esta sección estudié documentales y libros sobre el ateísmo y algunos que no son realmente ateo, pero simplemente contra-Jesús. De cualquier manera los argumentos son todos iguales, cuando el objetivo de refutar este hombre. La mayoría se basan fuera de interpretaciones sueltas de diversos temas y los intentos de conectar puntos no relacionados, a menudo se trata de comparar a Jesús a la adoración del sol. Por ejemplo, la comparación de Jesús de Nazaret a diferentes deidades a través del tiempo. No sólo existen estas deidades fuera del alcance y la generación de los que seguían a Jesús, pero también sólo tienen un par de menor similitudes- más realidad falsa. Muchos ateos tratan de comparar la vida de Jesús a la de Krishna, Horus, Mitra, y Dionisio diciendo que nacieron de vírgenes, crucificado, resucitado, pero esto simplemente no es verdad. Todos ellos tienen historias de nacimiento tales como haber nacido de una roca o semilla de almendra, y todos ellos tienen historias de muerte, tales como muerto por una flecha o comido vivo. Ninguno de ellos murió como expiación, nacieron de vírgenes, ni fueron resucitados. Las comparaciones son en su mayoría simplemente falsificados de las interpretaciones flojas.

Hay también alega que la historia de la natividad fue tomado de otras religiones. El hecho es que hay cosas atribuidas a Jesús que fueron sesgadas o adivinar por personas generaciones después de Jesús existió, a menudo para adaptarse a su propia conveniencia. No tenemos conocimiento de si Jesús nació el 25 de diciembre, y es incluso probable que se trata de varios meses de descanso. Tampoco sabemos que tres reyes (o sabios) vinieron y lo visitaron, solo que alguien lo visitó con tres regalos- un hecho que realmente ocurrió un período de tiempo después de su nacimiento. La fecha en diciembre y la historia del número de visitantes que vinieron fueron añadidos después de que todos los discípulos y apóstoles habían muerto, todo lo cual mata a la teoría de la alineación de estrellas en Jesús promovida por ateos.

Teorías adicionales promocionado por grupos ateos que el cristianismo se basa fuera de la adoración del sol, son las comparaciones entre "hijo" y "sol" y la supuesta falta de registros históricos fuera respecto a Jesús. Los ateos citan las similitudes entre el hecho de que Jesús era el "hijo" de Dios y los egipcios adoraban al "sol". Esto no es más que una coincidencia en el idioma Inglés. En griego y arameo estas similitudes no existir, y tratando de encontrar una conexión entre esto es una pérdida de tiempo. En cuanto a los registros, nos dirigimos a las historias escritas por Flavio Josefo, que nació en la época de la muerte de Jesús. Aunque Flavio Josefo era ni cristiano ni un Judio sus historias escritas que mencionan a Jesús como una figura importante muestra que Jesús fue una figura generalizada influir en la zona muy poco después de su vida útil.

En resumen, las reclamaciones de cualquier comparación entre el cristianismo y el culto al sol son sólo falsas. Lo que queda aquí es el impacto de Jesús en otras religiones para mostrar lo que este hombre quería decir realmente. Lo vamos a examinar de muchas religiones puntos de vista de todo el mundo. Vamos a empezar con el lugar más obvio para empezar, los Judios.

Los Judios creían que Jesús no podía ser el Mesías porque no conquistó los romanos y no se convirtió en rey de la tierra santa. Sin embargo, ellos mantienen una perspectiva muy mundana. Si bien es cierto que Jesús nunca levantó un ejército, no luchó contra los romanos, y nunca tomó Judea fuera de las manos romanas, Jesús hizo mucho más para completar la misma expectativa. Constantino I, nacido en 272 se convirtió en el último emperador a gobernar desde Roma después de cambiar la capital a Constantinopla, pero hice algo mucho más grande en ser el primer emperador romano a convertirse al cristianismo. Luego, en 300, Teodosio I tomó esta conversión un paso más allá e hizo del cristianismo la religión oficial del estado del Imperio Romano. En esencia, todo el Imperio Romano hizo una reverencia antes de que Jesús de Nazaret. Por lo tanto, mientras que Jesús nunca luchó contra los romanos en la batalla, él todavía conquistó todo el Imperio, una mucho mayor hazaña los Judios nunca podría haber esperado.

Muchas de las otras religiones grandes del mundo aceptan a Jesús de Nazaret como una figura importante en su religión, así, como los cristianos, musulmanes y Baha'i. El cristianismo afirma que Jesús fue la manifestación de Dios en la Tierra para ser el salvador de los pecados de la gente y el Mesías del pueblo judío habían estado esperando. Esto condujo a su crucifixión, en el que se convirtió en un sacrificio literal, el último sacrificio por el pecado humano. Musulmanes aceptan a Jesús como el Mesías del pueblo judío y el último profeta judío antes de Mahoma. Creencia musulmana es que la crucifixión era una traición por los Judios, y el cuerpo de Jesús fue cambiado con la de Judas en la cruz. Por último, el estado de Baha'i que Jesús era de hecho el hijo de Dios, pero nunca fue resucitado después de haber sido crucificado en la cruz. Las tres religiones, que constituyen la mayoría de los mundos practicantes religiosos, aceptan a Jesús de Nazaret en una u otra forma como el Mesías y un mensajero importante de la palabra de Dios.

Una de las más fascinantes de las aceptaciones de Jesús en otras religiones es el de budismo. Muchos maestros budistas, incluyendo maestro Zen Gasan Joseki, han declarado que creen que Jesús de Nazaret era un ser iluminado, conocido como un Bodhisattva. En 2001, el propio Dalai Lama, que es venerado como una reencarnación de un mismo Bodhisattva, declaró que él también creía que Jesús era un Bodhisattva iluminado. Esta creencia generalizada en el budismo (una religión completamente ajenos a las religiones abrahámicas) incluso ha dado lugar a una creencia señalado por Indira Gandhi, que muchos budistas creen que en los 15 años desconocidos de Jesús, él pudo haber viajado a la India y se encontró con los budistas. De cualquier manera la aceptación de Jesús como una figura religiosa en esta religión de Extremo Oriente es significativo, ya que muestra el verdaderamente notable impacto de este hombre sobre el mundo, como la única figura venerada en este generalizado de una manera en todo el mundo. Esto muestra un impacto espiritual que muchos han sentido de él.

Por lo tanto, como hemos visto, el concepto de Jesús que tiene raíces paganas basadas en el culto al sol y se menciona solamente por los cristianos allá del 90 dC es simplemente una invención de hechos flojas o totalmente fabricados basándonos en las inexactitudes de las fechas y los idiomas. Los argumentos ateos utilizan estos conceptos simplemente han optado por pasar por alto traducciones originales, la obra de Flavio Josefo y otros hechos esenciales con el fin de promover su agenda. Creencia judía de que Jesús no puede ser mesías porque no conquistó los romanos es hasta el debate personal sobre si o no los romanos conversión y el seguimiento de Jesús constituye la conquista o no. Al final, cuando se toma en budista, cristiana, musulmana, y las creencias bahá'ís se hace evidente que este hombre tenía un impacto físico y espiritual generalizada sobre el mundo. Cómo interpretamos que el impacto o elegimos para proceder con ese impacto es completamente depende de nosotros como individuos y como pueblos de diferentes religiones. Estoy seguro de que el debate continuará durante siglos, ya que nunca podemos saber todos los hechos de este mundo, pero es a nosotros a decidir nuestras creencias personales sobre este hombre extraordinario.

Cierre:

"Un hombre es lo que él cree" - Anton Chejov

Para terminar, me libero a hacer sus críticas, y para tomar o dejar lo que deseas. La reflexión final voy a dejar a todos con es dejar su corazón y mente abierta para darse cuenta de lo que sabe es real no lo que yo o cualquier otro te dice. Si usted quiere creer lo que le está diciendo o no, más te resistes, más se encontrará infeliz, discutiendo con su propia conciencia. He permanecido lo que creo que es real y ahora es el momento de elegir por sí mismo cuál es la realidad de este mundo en que vivimos es. Alrojoedor del mundo, las generaciones de personas han elegido una realidad, pero depende de usted si usted decide aceptar esto.

En este punto, espero que, como el lector, han comenzado a cuestionar o pensar acerca de todo lo que lee aquí. Mientras yo le pediría que mantenga una mente abierta sobre todo, sé que esto es realmente el punto en el que lo mejor es ponerlo en duda. Para mí, que he elegido mi realidad. Yo creo en un Dios todopoderoso, y sé que él o ella me ama. Estoy a gusto con mi conciencia. Ahora es tu turno.

Espero que de alguna manera, este escrito ayuda a usted o alguien que ayude a dar forma a lo que usted o ellos creen, y si bien sería bueno saber que algunos de ustedes creen en lo que yo creo, es su elección. Usted tiene que estar abierto a aceptar incluso lo que parece doloroso a veces a aceptar. Deja que tu corazón deje de lado los rencores que limitan su pensamiento. Deja que tu alma te diga lo que es verdad.